Smail LAMINE

Tutoriais sobre ecologia geral

Smail LAMINE

Tutoriais sobre ecologia geral

Tutoriais sobre ecologia geral

ScienciaScripts

Imprint

Cover image: www.ingimage.com

This book is a translation from the original published under ISBN 978-620-6-72818-4.

Publisher:
Sciencia Scripts
is a trademark of
Dodo Books Indian Ocean Ltd. and OmniScriptum S.R.L publishing group

120 High Road, East Finchley, London, N2 9ED, United Kingdom
Str. Armeneasca 28/1, office 1, Chisinau MD-2012, Republic of Moldova, Europe
Managing Directors: Ieva Konstantinova, Victoria Ursu
info@omniscriptum.com

Printed at: see last page
ISBN: 978-620-8-54292-4

Preâmbulo 3
Introdução geral 5
01TD n.º : Recordação de alguns conceitos fundamentais da ecologia .. 7
Parte 1 Recordação de alguns conceitos ecológicos básicos 8
2 Amostragem de peças 13
3 Parte Biocenótica: aplicação 22
4 Parte Estudo da coabitação 32
5 Parte Factores bióticos / relações intra-interespecíficas 37
6 Parte Cadeia alimentar e teia alimentar 42
Conclusão geral 55
Referências 57

Preâmbulo

Este manual de instruções do módulo de Ecologia Geral destina-se principalmente aos alunos do segundo ano de preparação (Semestre 3 - Primeiro ciclo - SNV) da Escola Superior de Agronomia de Mostaganem.

Metodologia Unidade de Ensino

- **VH:** 10.30pm
- **Coeficiente**: /
- **Crédito: /**

Objetivo pedagógico: Aplicar certos conceitos científicos de base, através de todos os exercícios propostos na matéria leccionada, ou seja "Ecologia geral.

+**de avaliação**: 25% avaliação contínua (exame TD relatório de visita estudo).

Conhecimentos prévios recomendados: Biologia, Ecologia e Zoologia

Conteúdo do documento :

Parte 1: Recordação de alguns ecológicos básicos ;

Parte 2: Amostragem ;

Parte 3: Biocenótica: aplicação ;

Parte 4: Estudo da coabitação ;

Parte 5: Factores bióticos / relações intra-interespecíficas ;

Parte 6: Cadeia alimentar e teia alimentar ;

Parte 7: Distribuição geográfica de certas espécies de roedores em função condições climáticas.

Objectivos específicos

No final deste curso, os alunos serão capazes de :

✓ Sintetizar ou construir ideias essenciais e elaborar planos de ação para remediar os ecossistemas afectados por pressões naturais e/ou antropogénicas.

✓ Sensibilizar toda a população humana para a necessidade de respeitar o ambiente e a biodiversidade (sobretudo a flora e a fauna, e especialmente as espécies conhecidas como espécies-chave dos ecossistemas);

✓ Propor, a título de exemplo, planos de ação para que os decisores implementem práticas ecologicamente corretas (por exemplo, desenvolvimento sustentável).

O Dr. BOUZID Khadidja da Ecole Supérieure d'Agronomie de Mostaganem e ***o Dr. GHARABI Dhia*** da Université Ibn Khaldoun-Tiaret foram propostos para avaliar este manual tutorial.

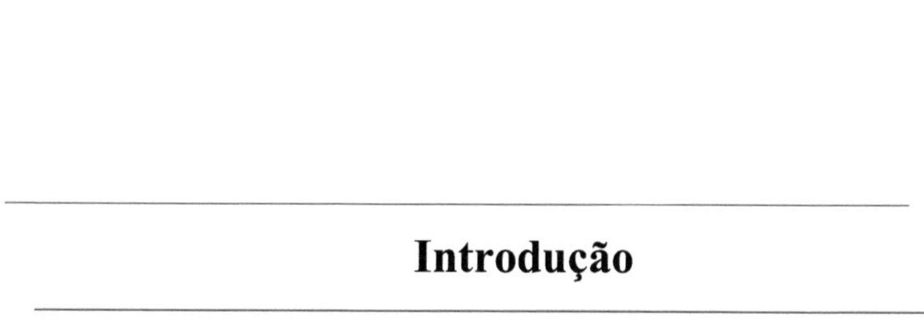

Introdução

Introdução geral

A ecologia é uma ciência da complexidade, que procura uma síntese entre o vivo e o não vivo. Para o conseguir, tem as suas raízes na termodinâmica e na evolução darwiniana. A termodinâmica identifica os recursos e os constrangimentos primários que determinam o quadro em que os organismos podem sobreviver, crescer e reproduzir-se. A segunda explica as inúmeras estratégias através das quais os seres vivos se adaptam ao seu ambiente, ou seja, resistem aos seus efeitos negativos e tiram o máximo partido da matéria, da energia, do espaço e do tempo disponíveis (Tirard et *al.*, 2016).

Este manual de tutoriais sobre ecologia geral é apresentado em sete partes principais (TDs) com ilustrações suficientes para facilitar a sua compreensão. O primeiro tutorial aborda alguns conceitos fundamentais de ecologia. A segunda secção introduz o conceito de área mínima, com uma descrição das principais técnicas e métodos de amostragem utilizados no reino animal. O terceiro tutorial trata da biocenótica aplicada, abrangendo vários parâmetros ecológicos de populações e povoamentos (densidade, abundância relativa (frequência), constância e os diferentes tipos de dispersão espacial das espécies).

A quarta secção é dedicada estudo da coabitação entre espécies, bem como a um certo número de índices ecológicos comparativos (índice de Sørensen, índice (ou coeficiente) de Jaccard, índice de Odum, etc.) utilizados para estabelecer o grau de associação entre duas espécies. A quinta DT trata de todas as relações que podem existir entre diferentes espécies, que podem ser resumidas como factores bióticos / relações intra e interespecíficas. O sexto DT trata diferentes tipos de cadeias alimentares e da sua importância na transferência de energia de um nível trófico para outro, e que também desempenham um papel vital na manutenção da estabilidade dos ecossistemas terrestres e aquáticos.

Por último, a sétima secção analisa a distribuição geográfica de certas espécies de roedores em função das condições climáticas.

Este folheto é disponibilizado aos estudantes como um auxiliar pedagógico para facilitar as sessões tutoriais e esclarecer certos conceitos do curso que são frequentemente mal assimilados em longas sessões de ensino presencial e à distância.

Tarefa 01: Revisão de alguns conceitos ecológicos básicos

Tarefa 01: Revisão de alguns conceitos ecológicos básicos

Introdução

A diversidade dos organismos não se limita às suas caraterísticas morfológicas e anatómicas. É também notável pela forma como realizam os diferentes eventos da vida: o crescimento, a idade de maturidade, o número de descendentes por reprodução, a dispersão e a esperança de vida são todos traços cujas variações fazem parte da extraordinária diversidade dos organismos vivos (Barbault, 2008).

1. ***Algumas definições Indivíduo***

Trata-se de um sistema biológico funcional que, caso mais simples, se reduz a um único célula. Durante o seu crescimento, o organismo deve adaptar-se às diferentes condições do meio em que vive.

ele vive.

Espécies

Refere-se um grupo de indivíduos que são semelhantes em termos de aparência, habitat, fertilidade, etc.

e geralmente estéreis com indivíduos de outra espécie.

População

É o conjunto de indivíduos da mesma espécie que vivem num determinado território, num determinado momento, caracterizado por uma estrutura, organização, funcionamento e evolução, eles próprios controlados pelo ambiente.

População

indivíduos de várias espécies do mesmo grupo sistemático que ocupam uma área

um ambiente específico conhecido como biótopo (exemplos: populações ácaros, aves, mamíferos, etc.).

Ecologia

O termo "ecologia" foi criado em 1866 pelo biólogo alemão Ernst Haeckel, a partir de duas palavras gregas: ***Oikos***, que significa casa, habitat, e ***Logos***, que significa ciência. A ecologia surge assim como a ciência do habitat, estudando as condições de vida dos seres vivos e as interações de todo o tipo que existem entre esses seres vivos e o seu ambiente.

Para situar esta ciência em relação às outras ciências biológicas, é útil considerar os diferentes níveis de organização da matéria viva.

O sistema mais simples com todas as caraterísticas fundamentais dos seres vivos é a célula. As células combinadas em tecidos e órgãos integram-se em organismos multicelulares animais ou vegetais.

A um nível mais elevado, os indivíduos de certas espécies podem colónias ou sociedades. A um nível ainda mais elevado está a população, para todos os seres vivos.

As populações das diferentes espécies bacterianas, vegetais e animais formam um nível de organização ainda mais complexo, a comunidade biológica ou biocenose, que ocupa o biótopo e que, no seu conjunto, constitui um ecossistema.

O último nível de organização do mundo vivo é constituído por todos os ecossistemas do planeta, ou seja, a ecosfera ou biosfera.

2. *Noção de ecossistema*

Um sistema ecológico, ou ecossistema, foi definido pelo botânico inglês Arthur Tansley em 1935. Trata-se de um sistema biológico constituído por dois elementos inseparáveis, a biocenose e o biótopo.

A biocenose é o conjunto de organismos que vivem juntos (zoocenose, fitocenose, microbiocenose, micocenose, etc.).

O biótopo é o fragmento da biosfera que fornece à biocenose o ambiente abiótico essencial para o seu estabelecimento e desenvolvimento. É também definido como o conjunto de factores ecológicos abióticos (substrato, solo "edafótopo"; clima "climatópo") que caracterizam o meio onde vive uma determinada biocenose.

O ecossistema é a unidade estrutural básica da biosfera, e é possível analisar a sua estrutura e funcionamento.
Exemplo de um ecossistema: floresta.
Biocenose: conjunto de organismos vivos (fitocenose (árvores, arbustos, plantas herbáceas, musgos, etc.); zoocenose (animais), micocenose, microbiocenose, etc.).

Biótopo: conjunto dos elementos, essencialmente abióticos, que compõem o meio florestal, tais como os factores edáficos (solo), geográficos (latitude, altitude, declive, exposição, etc.), climáticos (temperatura, precipitação, humidade, etc.), químicos (pH, teor de sais minerais, etc.), etc.

3. Subdivisões da ecologia

Os estudos ecológicos centram-se convencionalmente em três níveis de integração: o indivíduo, a população e a comunidade. São estes níveis e as especificidades dos estudos efectuados que determinam as diferentes disciplinas (divisões) da ecologia (Faurie et *al*., 2011).

Autoecologia ou ecologia fatorial: é a disciplina ecologia que estuda a relação entre uma espécie e o seu meio. Define os limites de tolerância e as preferências da espécie estudada em relação aos diferentes factores ecológicos e examina a ação do meio sobre a morfologia, a fisiologia e a etologia.

Demoecologia, ecologia das populações ou dinâmica das populações: centra-se nas caraterísticas qualitativas e quantitativas das populações. Analisa as variações da abundância (demografia), a distribuição espacial, a produtividade das populações, as relações sociais e as relações com o ambiente.

Biocenótica: estudo das comunidades de organismos vivos. Analisa as relações entre as diferentes espécies e o seu ambiente. Abrange vários aspectos ecológicos, como a predação, a competição, o parasitismo, a evolução das biocenoses e a sua produtividade.

A ecologia moderna assistiu ao nascimento da sinecologia, uma disciplina da ecologia dedicada ao estudo da estrutura e do funcionamento dos ecossistemas. A integração de ferramentas informáticas conduziu ao nascimento da ecologia digital, que se ocupa da modelação e simulação de sistemas ecológicos. As diferentes abordagens tecnológicas modernas conduziram a grandes avanços ecologia global, centrada no estudo da estrutura e do funcionamento à escala da biosfera (Ramade, 2009).

Conclusão

Os sistemas ecológicos são constituídos por populações interconectadas, tendo como pano de fundo o meio físico e químico. A realidade destes sistemas é materializada pela permanência, em maior ou menor grau, das populações e das suas inter-relações. A chave desta permanência, para além existência efémera dos indivíduos, reside, por um lado, na transmissão hereditária das suas caraterísticas e, por outro, paradoxalmente, na variabilidade genética e fenotípica das populações, graças à qual estas se podem adaptar às alterações do seu meio físico-químico e biótico.

TD n.º 02: Amostragem

Tarefa 2: Amostragem

Introdução

Por razões práticas (tempo, recursos disponíveis, número de efectivos no terreno, etc.), não é possível medir de forma exaustiva a dimensão de uma população em todo o ecossistema de que faz parte. Para o efeito, são recolhidas amostras correspondentes a volumes ou zonas específicas.

A dimensão da amostra e o método de contagem dos indivíduos devem obviamente ser adaptados à população em estudo. Em cada caso, é importante avaliar fidelidade, a precisão e a exatidão da técnica prevista (Marc Mazerolle, 2019).

1. Definição

Em ecologia, a amostragem é um procedimento, geralmente efectuado no terreno, que implica a recolha de amostras (dados). Uma amostra é um fragmento de um todo (um ecossistema, por exemplo) recolhido para estudar o todo (Vaillant, 2005).

2. Objetivo da amostragem

A amostragem é geralmente efectuada para descobrir quais as espécies presentes como as suas densidades variam ao longo do tempo e do espaço.

O ecologista deve primeiro escolher um método de amostragem adequado antes de prosseguir. à :

- Identificação dos organismos capturados ;
- Contagem dos organismos capturados ;
- Análise dos dados. O objetivo da análise de dados é:

– Conhecimento da flora e da fauna;

– Determinar o tipo de distribuição dos indivíduos **(Figura 1)**;

– Estimar a população total de uma determinada área ou volume;

– Interpretar as diferenças quantitativas e qualitativas entre amostras.

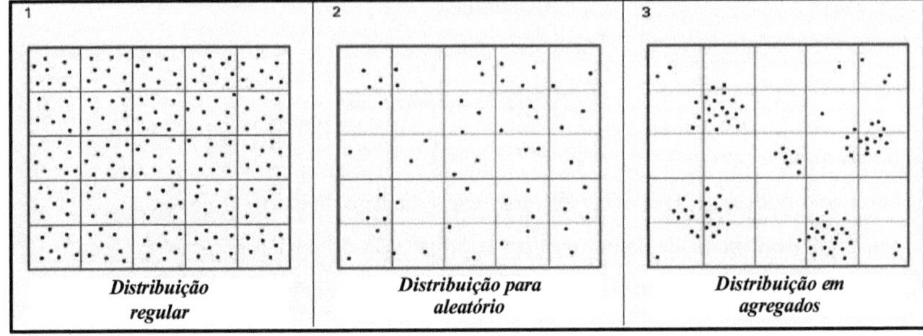

Figura. 1. Principais tipos de distribuição espacial dos indivíduos que constituem uma população.

3. *Alguns métodos de amostragem*

3.1. *Fauna terrestre*

Para estudar as populações de leões numa savana, por exemplo, basta uma observação à distância com um par de binóculos (método direto).

Para estudar uma fauna terrestre de menor , como os roedores, por exemplo, a
Por exemplo, o ecologista utiliza gaiolas de baloiço com isco.

3.2. *Fauna endógena (fauna que vive no solo)*

Um volume de solo (núcleo) é retirado com um trado de solo. A fauna é então extraído do solo utilizando o extrator Berlèse-Tullgren **(Figura 2).**

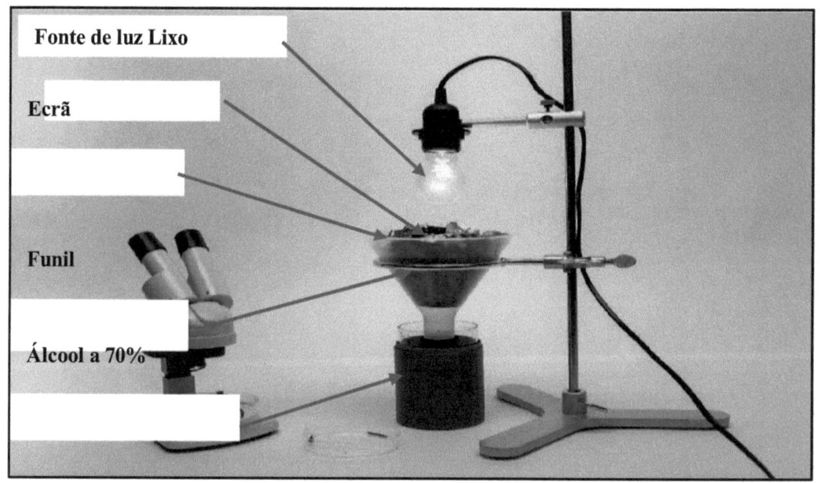

Figura 2. Diagrama esquemático um dispositivo do tipo Berlèse para a captura da fauna do solo e da água.

lixo (Ramade, 2009).

3.3. Fauna epígea (ocupando a superfície do solo)

Para os artrópodes que vivem na superfície do solo (aracnídeos, insectos), por exemplo, pode ser utilizado o método da quadra, cujo princípio se baseia na recolha de todos os indivíduos de todas as espécies presentes numa área de amostragem (ou quadra), previamente definida e materializada por um dispositivo (ferramenta) de metal, madeira ou plástico. O processo de amostragem é realizado numa parcela homogénea e a posição da quadra nesta área é obtida aleatoriamente através do lançamento do dispositivo.

3.4. Fauna aquática

A fauna que ocupa os cursos de água (insectos, crustáceos, etc.) é recolhida com redes. Surber e Troubleau (**Figura 3**). Estas redes têm uma malha de 275µm.

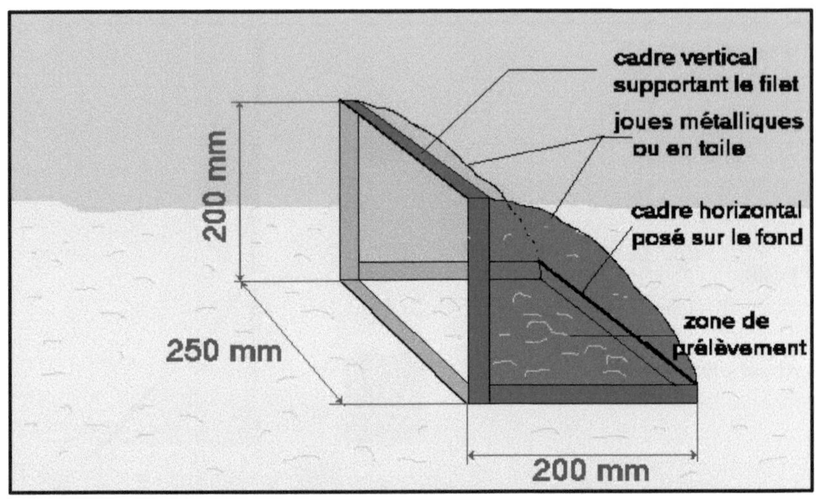

Figura 3: Esquema de uma rede do tipo Surber para a recolha da fauna bentónica (fundo de água) dos cursos de água (Ramade, 2009).

3.5. Aves

As aves nidificantes numa floresta, por exemplo, podem ser amostradas ouvindo o seu canto durante 20 minutos (tempo mínimo de escuta). Esta operação é geralmente efectuada duas vezes (no início e no final da primavera). O canto das aves é conhecido previamente pelo ornitólogo, que se limita a assinalar as espécies de cada vez que as ouve. Este método é designado por IPA (Indice Ponctuel d'Abondance).

4. Problemas de amostragem

verdadeiro problema da amostragem é definir uma superfície de trabalho que deve ser :

- Suficientemente grande para trabalhar e suficientemente pequeno para finalizar o estudo ;
- Homogéneo (caraterísticas físicas e biológicas idênticas em todos os aspectos). Ex: o estrato herbáceo como uma superfície homogénea, sem árvores, sem rochas).

Observações

- A amostragem não deve ser efectuada nos limites da floresta (ecótonos);
- Para os animais que se deslocam lentamente, a superfície deve ser pequena e vice-versa;

- Para as espécies de baixa densidade, a superfície de trabalho deve ser grande. Ex: leões, animais ...

5. *Amostra representativa*

Para obter amostras representativas, é necessário :

- Respeitar dimensão da amostra, que é determinada área mínima de amostragem;
- Repetir amostras no tempo e no espaço.

5.1. *Determinação dimensão da amostra*

- Limpar o ecossistema e delimitar uma grande área homogénea, evitando as arestas;
- Começar pela amostra 1 (primeira superfície) e recolher todas as espécies. presente ;
- Pegue na ech. 2 (mesma área que a ech. 1 mas num local diferente, ainda dentro da grande área homogénea) e pegue apenas nas novas espécies que aparecem (diferentes das da ech. 1) e some-as (novas espécies + espécies da ech. 1);
- Repetir a operação várias vezes até que não apareçam mais espécies novas, ou seja, uma acumulação constante, altura em que a amostragem é interrompida e a área mínima é atingida.

5.2. *Definição área mínima*

É a superfície homogénea mais pequena representativa de uma determinada biocenose na qual estão presentes todas as espécies sem exceção (biocenose em miniatura). Para a fauna do estrato herbáceo, por exemplo, é de 1m x 1m = $1m^2$.

5.3. *Importância da distribuição espacial das amostras*

Devido à heterogeneidade dos ecossistemas, a distribuição espacial dos indivíduos de uma população raramente é uniforme: a sua densidade varia de um local para outro.

Nestas condições, nenhuma medição isolada é suficiente para garantir a representatividade de um resultado. Esta dificuldade é ultrapassada através da repetição das amostras no espaço, com o objetivo de :

- Em primeiro lugar, para identificar as caraterísticas médias da população;

- Em segundo lugar, para determinar a amplitude de variação dos valores medidos.

5.4. *Importância da distribuição das amostras ao longo do tempo*

É necessário efetuar amostragens em diferentes épocas do ano (4 estações) para ter em conta as flutuações de densidade numa dada população e os diferentes estádios fisiológicos das espécies estudadas.

6. *Exercício de aplicação*

Determinar a área mínima para a amostragem da entomofauna de um estrato herbáceo. Foram recolhidas trinta e duas amostras e quadro seguinte regista todas as espécies da amostra 1, bem como as novas espécies que aparecem, em cada fase, na amostra seguinte. Desenhe a curva de espécies acumuladas em função da área de amostragem.

Quadro 1. Exercício de aplicação para a determinação superfície mínima

Número da amostra	Novas espécies
Amostra 1	10
Amostra 2	6
Amostra 3	3
Amostra 4	4
Amostra 5	1
Amostra 6	2
Amostra 7	1
Amostra 8	2
Amostra 9	1
Amostra 10	1
Amostra 11	1
Amostra 12	2
Amostra 13	1
Amostra 14	1
Amostra 15	0
Amostra 16	1
Amostra 17	1
Tamanho da amostra 18	1
Amostra 19	1
Amostra 20	0
Amostra 21	0
Amostra 22	0
Amostra 23	1
Amostra 24	0
Amostra 25	0
Amostra 26	1
Amostra 27	0
Amostra 28	0
Amostra 29	0
Amostra 30	0
Amostra 31	0
Amostra 32	0

Fonte: Lamine, 2021

7. *Correção do exercício de candidatura*

Quadro 2. Correção exercício - a área mínima

Número da amostra	**Novas espécies**	**Espécies acumuladas**
1	10	**10**
2	6	**16**
3	3	**19**
4	4	**23**
5	1	**24**
6	2	**26**
7	1	**27**
8	2	**29**
9	1	**30**
10	1	**31**
11	1	**32**
12	2	**34**
13	1	**35**
14	1	**36**
15	0	**36**
16	1	**37**
17	1	**38**
18	1	**39**
19	1	**40**
20	0	**40**
21	0	**40**
22	0	**40**
23	1	**41**
24	0	**41**
25	0	**41**
26	1	**42**
27	**0**	**42**
28	0	**42**
29	0	**42**
30	0	**42**
31	0	**42**
32	0	**42**

Nota: as espécies acumuladas devem ser calculadas pelos alunos e, em seguida, eles produzirão o gráfico em questão: espécies acumuladas em função da área de amostragem.

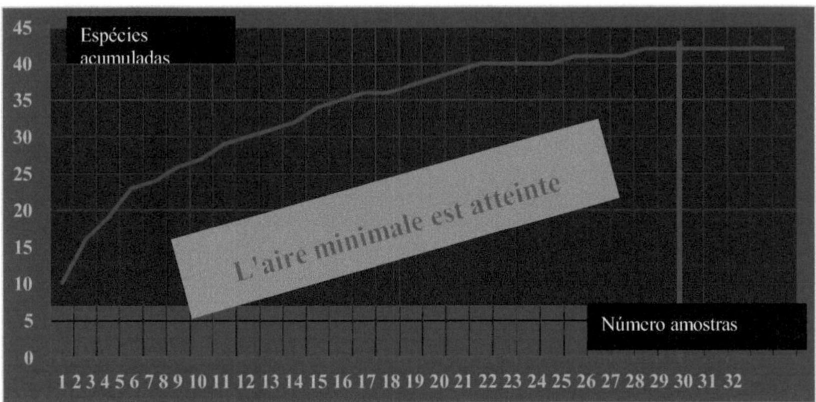

Figura 4: Área mínima amostragem da entomofauna de um estrato herbáceo

=×Assim, a superfície área mínima calculada 27 a superfície amostra 1 (1m$^{2)}$.

Conclusão

Uma amostra é um fragmento de um conjunto recolhido para avaliar o conjunto. Podem ser propostos numerosos métodos de observação e de medição aplicados a esses fragmentos, adaptados a cada caso particular com vista a obter uma representação satisfatória do objeto estudado. A amostragem deve ser adaptada para testar as hipóteses formuladas, a uma determinada escala espacial e temporal, sobre a estrutura ou a dinâmica do sistema biológico estudado. É essencial planear a amostragem.

TD n° 03 : Biocenótica: aplicação

Tarefa 3: Biocenótica - aplicação

Introdução

A distribuição dos indivíduos numa população descreve a forma como estes se distribuem uns em relação aos outros no espaço ocupado pela população. Esta distribuição tem um interesse ecológico considerável, uma vez que fornece informações sobre a extensão da competição intra-específica, a capacidade de dispersão e os diferentes sistemas reprodutivos (Tirard et *al.*, 2012).

1. Recordação de alguns aspectos

A população é um grupo de indivíduos da mesma espécie que vive num determinado território num determinado momento, caracterizado por uma estrutura, organização, funcionamento e evolução, que são eles próprios controlados pelo ambiente.

O ecossistema é o conjunto formado por uma comunidade de seres vivos, denominada biocenose, em interação com o seu ambiente, o biótopo.

A biocenótica (ou biocoenótica) é a disciplina da ecologia que se ocupa do estudo das comunidades de organismos vivos.

2. Parâmetros ecológicos

Vários parâmetros são utilizados em estudos ecológicos. Os principais são :

2.1. Densidade

A forma mais exacta de contar os indivíduos das espécies que formam uma biocenose é através da densidade. Esta é estabelecida através da contagem do número de indivíduos numa determinada superfície ou num determinado volume. Trata-se, portanto, de um valor reduzido a uma unidade de superfície ou de volume, que não deve ser confundido com a abundância relativa (ver infra).

No caso da fauna epígea, por exemplo, por definir as quadras (forma e área) e contam-se os indivíduos dentro delas. O número de indivíduos é então convertido numa densidade. O número total de indivíduos é calculado multiplicando a densidade pela superfície total.

2.2. Abundância relativa das espécies (frequência)

Para determinar a abundância das espécies, calcula-se a frequência, que representa a percentagem (%) de indivíduos de uma espécie em relação ao número total de indivíduos de todas as espécies amostradas. É calculada da seguinte forma:

$$=_{Fi} (_{Ni/Nt}) * 100$$

$=_{Fi}$ frequência espécie i ;

$=_{Ni}$ número indivíduos espécie i ;

$=_{Nt}$ número total indivíduos de todas as espécies.

As frequências são divididas em 5 classes (Dajoz, 2006). 0% > $_{Fi}$ < 20%: espécies raras ;
20% > $_{Fi}$ < 40%: espécies raras e dispersas; 40% > $_{Fi}$ < 60%: espécies pouco abundantes; 60% > $_{Fi}$ < 80%: espécies abundantes ;
$\geq_{Fi}$ 80%: uma espécie muito abundante.

2.3. Consistência

Trata-se da fidelidade das espécies. Representa o número de levantamentos em que uma espécie está presente em relação ao número total de levantamentos efectuados (Dajoz, 2006). É dada pela equação seguinte:

$$_{Ci} = (_{Pi/P}) * 100$$

$_{Ci}$: constância espécie i ;

$_{Pi}$: número de inquéritos em que a espécie i está presente; P: número total de inquéritos efectuados.

Existem três classes de *constância*: $_{Ci}$ > 50%: a espécie é constante ;
25% < $_{Ci}$ < 50%: espécies acessórias; $_{Ci}$ < 25%: espécies acidentais.

2.4. Dispersão espacial de uma população

A distribuição dos indivíduos numa população descreve a distribuição espacial de indivíduos desta população.

Existem 3 métodos básicos de distribuição:

- distribuição uniforme (ou regular) ;

- distribuição em grupo (ou contagiosa, ou gregária);
- distribuição aleatória.

2.4.1. Distribuição uniforme (regular)

A distribuição uniforme tende a distribuir uniformemente os indivíduos de uma população.

Isto pode ser conseguido artificialmente em muitas culturas. Também pode ser observado em casos de competição intra-específica muito severa, onde a distribuição é quase uniforme.

Nos animais territoriais (leões, raposas, etc.), os indivíduos são frequentemente espaçados de forma homogénea. Os invertebrados sedentários podem também dispersar-se regularmente em pequenas áreas (larvas de Chironomidae, Trichoptera...).

Além disso, uma distribuição regular raramente descreve a dispersão de uma população numa grande área. Exemplo: Peixes como os sticklebacks, que defendem um território, são altamente individualistas.

2.4.2. Distribuição contagiosa (agregada ou agrupada)

Esta é a distribuição mais comum. Afecta muitos animais. Tem duas causas essencial :

- um meio heterogéneo, com condições desigualmente favoráveis para a espécie; a agregação pode ser observada durante as migrações, a procura de alimento ou de água, ou durante defesa de um território (como no caso das joaninhas, dos insectos sociais, etc.). Pode ser observada em plantas sem meios eficazes de disseminação (propagação vegetativa), por fragmentação de uma única planta (como no caso dos morangueiros, que se multiplicam por estolhos).

2.4.3. Distribuição aleatória

É de natureza excecional e ocorre em ambientes muito homogéneos. Neste caso, os indivíduos da população têm as mesmas hipóteses de ocupar qualquer ponto do ambiente. A presença de um indivíduo não tem, portanto, qualquer influência sobre a posição dos indivíduos vizinhos. Isto pressupõe que os factores ambientais têm pouco ou nenhum efeito na dispersão dos indivíduos da população, que, por conseguinte, não têm tendência para se evitarem uns aos outros ou para se reunirem. É frequentemente o caso da disposição dos ovos (ou larvas jovens) de insectos.

A distribuição espacial dos indivíduos pode ser avaliada comparando a variância δ^2 para a média $\bar{X}$.

Considere-se um ambiente em que foram recolhidas N amostras de superfícies idênticas, cada uma contendo um número X de indivíduos.

Se $\bar{X}$ é a média aritmética do número de indivíduos do conjunto de amostras, a variância da distribuição é dada por :

$$=\sum \delta^2 \,(^{N})(_{ni} * {}_{xi}^{2})/N - \bar{X}^{(2)} \qquad \textbf{com} \qquad =\sum \bar{X} \,(^{N})(_{ni} * {}_{xi})/N$$

1 1

N: número total de amostras ;

$_{xi}$: número de indivíduos em qualquer amostra; $_{ni}$: número de registos em qualquer amostra; $\bar{X}$: média da amostra.

Se :

$\cong\cong\bar{X} > \delta^2\ 0$: a distribuição é uniforme (regular); $\delta^2 > \bar{X}$: a distribuição é agregada (contagiosa); $\delta^2\ \bar{X}$: a distribuição é aleatória.

3. Exercício de aplicação

Quadro 3. Exercício de aplicação da biocenótica

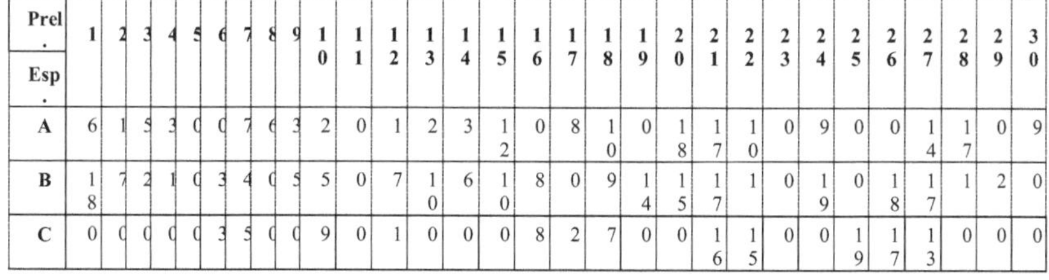

Prel. / Esp.	1	2	3	4	5	6	7	8	9	10	11	12	13	14	15	16	17	18	19	20	21	22	23	24	25	26	27	28	29	30
A	6	1	5	3	0	0	7	6	3	2	0	1	2	3	12	0	8	10	0	18	17	10	0	9	0	0	14	17	0	9
B	18	7	2	1	0	3	4	0	5	5	0	7	10	6	10	8	0	9	14	15	17	1	0	19	0	18	17	1	2	0
C	0	0	0	0	0	3	5	0	0	9	0	1	0	0	0	8	2	7	0	0	16	15	0	0	19	17	13	0	0	0

Fonte: Lamine, 2013

Perguntas :

1. Calcular a abundância relativa das três espécies: NA, NB e NC;
2. Calcule a frequência das espécies A, B e C;
3. Calcular a constância das espécies A, B e C;
4. Determinar o tipo de distribuição espacial das espécies estudadas;
5. Estudar a coabitação entre pares seguintes espécies: A-B, A-C e B-C.

4. Correção exercício sobre biocenótica

1. Cálculo da abundância relativa das três espécies: NA, NB e NC

= NA=163	NB= NB=199	NC= NC=115	Nt= 487
A= A=21	B= B=23	C= C=12	

=F= $_{Nesp}$/ Nt x 100 ($_{Nesp}$ Nt=)

→→→$_{FA=NA}$/ Nt x 100 = 163/477 x 100= 35% Espécies raras e dispersas (entre 20% e 40%); FB=NB / Nt x 100 = 199/477 x 100= 42% Espécies pouco abundantes (entre 40% e 60%); Fc=Nc / Nt x 100 = 115/477 x 100= 24% Espécies raras e dispersas (entre 20% e 40%).

2. Cálculo da constância

C = $_{pesp}$/ P x100 ($_{pesp=}$ número de inquéritos em que a espécie está presente, P=número de todos os inquéritos) ;

→→>$_{CA= pA}$/ P x 100=21 / 30 x 100= 70% Espécies constantes

(C > 50%); $_{CB= pB}$/ P x 100=23 / 30 x 100= 76% Espécies constantes

(C 50%);

→<<$_{CC= pC}$/ P x 100=12 / 30 x 100= 40% Espécies acessórias (25% C 50%).

3. Determinação da distribuição espacial das espécies

É a comparação da variância &(2) com o X da amostra:

ΣX= ni xi / N **= Σ&(2) ni xi²/ N - X²**

Se

- **=→&(2) X A distribuição é aleatória ;**
- **< →&(2) A distribuição de X é regular ;**
- **→&(2) > X A distribuição é contagiosa.**

a) Encomendar a série ;

b) =Calcular o intervalo da série, n valor máximo - valor mínimo ;

c) √NDeterminar o número de classes da série, K= ; —

d) >Determinar o tamanho do passo, d n / K.

espécie

a) Encomendar a série

0 (9),1 (2),2 (2),3 (3),4 (0),5 (1),6 (2),7 (1),8 (1),9 (1),10 (2),11 (0),12 (1),13 (0),14 (1),15

(0),16 (0),17

(2),18 (1),19 (1).

b) √N = **Número de classes**: K= √30 = 5 ;

c) **O âmbito**

== n= valor máximo - valor mínimo 19 - 0 19 n=19 ;

d)

e) **O passo** :

d > n / K =d > 19 / 5 d 4.

O quadro estatístico

Classes	xi	ou	nixi	nixi²
[0-4[	2	16	32	64
[4-8[	6	4	24	144
[8-12[	10	4	40	400
[12-16[	14	2	28	392
[16-20[	18	4	72	1296
Σ		30	196	2296

= X 196/30=6.53 X=6,53

=&(2) 2296/30 - 42.68= 33.85 &(2) =33.85

&(2) > X distribuição contagiosa.

espécie

a) **Encomendar a série**

0 (7),1 (3),2 (2),3 (1),4 (1),5 (2),6 (1),7 (2),8 (1),9 (1),10 (2),11 (0),12 (0),13 (0),14 (1),15 (1),16 (0),17 (2),18 (2),19 (1).

b) **Número de turmas**

√N==K= √30 5 ;

c) **O âmbito**

== n= valor máximo - valor mínimo 19 - 0 19 n=19 ;

d) **O passo** :

d > n / K =d > 19 / 5 d 4.

O quadro estatístico

Classes	xi	ou	nixi	$nixi^2$
	2	13	26	52
[4-8[	6	6	36	216
[8-12[	10	4	40	400
[12-16[	14	2	28	392
[16-20[	18	5	90	1620
Σ		30	220	2680

=X 220/30=7.33 X=7,33

==&(2) 2680/30 - $(7.33)^2$ 35.6 &(2) =35.6

>&(2) X distribuição contagiosa

Para

a) **Encomendar a série**
0 (18),1 (1),2 (1),3 (1),4 (0),5 (1),6 (0),7 (1),8 (1),9 (1),10 (0),11 (0),12 (0),13 (1),14 (0),15 (1),16 (1),17 (1),18 (0),19 (1).

b) **Número de turmas**
$\sqrt{N}$==K= √30 5 ;

c) **O âmbito**
== n= valor máximo - valor mínimo 19 - 0 19 n=19 ;

d) **O passo**
d > n / K =d > 19 / 5 d 4.

O quadro estatístico :

Classes	xi	ou	nixi	$nixi^2$
[0-4[	2	21	42	84
[4-8[	6	2	12	72
[8-12[	10	2	20	200
[12-16[	14	2	28	392
[16-20[	18	3	54	972
Σ		30	156	1720

==X 156/30 5.2 =X 5.2

==&(2) 1720/30 - $(5,2)^2$ 30,29 &(2) =30,29

&(2) > X distribuição contagiosa.

Conclusão

Tal como as populações e os povoamentos, podem ser definidos em termos gerais por certos parâmetros ecológicos, nomeadamente a densidade, a abundância relativa, a riqueza de espécies, a constância, o tipo de distribuição espacial e a biomassa. Estas abordagens são geralmente desenvolvidas durante os estudos de ecossistemas do tipo discutido nas secções anteriores.

Tabela de distribuição para X^2 (distribuição de K. Pearson).

Table de distribution de χ^2 (loi de K. Pearson)

La table donne la probabilité α, en fonction du nombre de degrés de liberté ν, pour que χ^2 égale ou dépasse une valeur donnée χ^2_α

$$\alpha = P(\chi^2 \geq \chi^2_\alpha)$$

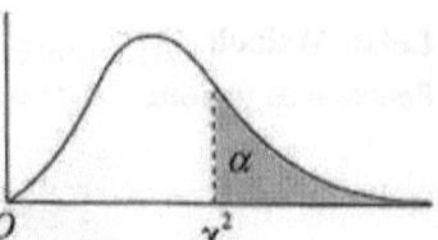

ν	$\alpha = 0{,}990$	$\alpha = 0{,}975$	$\alpha = 0{,}950$	$\alpha = 0{,}900$	$\alpha = 0{,}100$	$\alpha = 0{,}050$	$\alpha = 0{,}025$	$\alpha = 0{,}010$	$\alpha = 0{,}001$
1	0,0002	0,0010	0,0039	0,0158	2,71	3,84	5,02	6,63	10,83
2	0,02	0,05	0,10	0,21	4,61	5,99	7,38	9,21	13,82
3	0,12	0,22	0,35	0,58	6,25	7,81	9,35	11,34	16,27
4	0,30	0,48	0,71	1,06	7,78	9,49	11,14	13,28	18,47
5	0,55	0,83	1,15	1,61	9,24	11,07	12,83	15,09	20,52
6	0,87	1,24	1,64	2,20	10,64	12,59	14,45	16,81	22,46
7	1,24	1,69	2,17	2,83	12,02	14,07	16,01	18,47	24,32
8	1,65	2,18	2,73	3,49	13,36	15,51	17,53	20,09	26,13
9	2,09	2,70	3,33	4,17	14,68	16,92	19,02	21,67	27,88
10	2,56	3,25	3,94	4,87	15,99	18,31	20,48	23,21	29,59
11	3,05	3,82	4,57	5,58	17,27	19,67	21,92	24,72	31,26
12	3,57	4,40	5,23	6,30	18,55	21,03	23,34	26,22	32,91
13	4,11	5,01	5,89	7,04	19,81	22,36	24,74	27,69	34,53
14	4,66	5,63	6,57	7,79	21,06	23,68	26,12	29,14	36,12
15	5,23	6,26	7,26	8,55	22,31	25,00	27,49	30,58	37,70
16	5,81	6,91	7,96	9,31	23,54	26,30	28,84	32,00	39,25
17	6,41	7,56	8,67	10,08	24,77	27,59	30,19	33,41	40,79
18	7,01	8,23	9,39	10,86	25,99	28,87	31,53	34,80	42,31
19	7,63	8,91	10,12	11,65	27,20	30,14	32,85	36,19	43,82
20	8,26	9,59	10,85	12,44	28,41	31,41	34,17	37,57	45,32
21	8,90	10,28	11,59	13,24	29,61	32,67	35,48	38,93	46,80
22	9,54	10,98	12,34	14,04	30,81	33,92	36,78	40,29	48,27
23	10,20	11,69	13,09	14,85	32,01	35,17	38,08	41,64	49,73
24	10,86	12,40	13,85	15,66	33,20	36,41	39,37	42,98	51,18
25	11,52	13,12	14,61	16,47	34,38	37,65	40,65	44,31	52,62
26	12,20	13,84	15,38	17,29	35,56	38,88	41,92	45,64	54,05
27	12,88	14,57	16,15	18,11	36,74	40,11	43,19	46,96	55,48
28	13,57	15,31	16,93	18,94	37,92	41,34	44,46	48,28	56,89
29	14,26	16,05	17,71	19,77	39,09	42,56	45,72	49,59	58,30
30	14,95	16,79	18,49	20,60	40,26	43,77	46,98	50,89	59,70

Quand ν est supérieur à 30, on utilise la table de la loi normale (table de l'écart réduit) avec :

$$t = \sqrt{2\chi^2} - \sqrt{2\nu - 1}$$

TD n.º 04: Estudo da coabitação

TD n.º 4: Estudo da coabitação

Introdução

Durante milhares de milhões de anos, a coabitação de seres vivos (animais, plantas, minerais, fungos e bactérias) na Terra evoluiu para um sistema complexo e interligado, em que cada forma de vida desempenha um papel vital no funcionamento do nosso planeta e contribui para o equilíbrio e a saúde globais da Terra (Clobert et *al.*, 2012).

1. Definição

A coexistência define as diferentes biocenoses presentes na zona estudada. A coexistência de várias espécies num mesmo levantamento mostra que o meio responde às suas necessidades comuns. Mas é apenas a coexistência repetida destas mesmas espécies em numerosos levantamentos que permite falar de uma biocenose.

Vários parâmetros podem ser utilizados para estabelecer o grau associação entre duas espécies. Os mais utilizados são :

$$Q = \frac{2 * C * 100}{A + B}$$ **Índice de Sørensen**

$$Q = \frac{C * 100}{A + B + C}$$ **Índice (ou coeficiente) de Jaccard**

$$..Q = \frac{A - B}{A + B}$$ **Índice de Odum**

Com :

A: número de inquéritos em que a espécie A está presente ;

B: número de inquéritos em que a espécie B está presente ;

C: número de inquéritos em que ambas as espécies estão presentes.

Nota

Os coeficientes apenas têm em conta a presença ou ausência de espécies. Eles não a sua abundância.

2. χO método (ou teste) do qui-quadrado, ^{2}

A afinidade entre duas espécies pode ser avaliada pelo método do qui-quadrado. Em primeiro lugar, calcula-se P, que corresponde ao número mais provável de amostras em que duas espécies agrupadas ao acaso podem coabitar (Vaillant, 2005).

$$P = \frac{A * B}{N}$$

Com :

A: número de inquéritos em que a espécie A está presente ;

B: número de inquéritos em que a espécie B está presente ;

N: número total de leituras efectuadas.

=Em seguida, comparamos P com C (C é o número de registos em que ambas as espécies A e B estão presentes).

Existem três cenários possíveis:

>Se P C, há exclusão;

=Se P C, as duas espécies estão distribuídas aleatoriamente;

Se P < C, as duas espécies tendem a coabitar com uma certa probabilidade. Esta é a suposição feita de antemão.

Apenas no último caso (**P < C**), a hipótese é testada através do teste do qui-quadrado. χPara saber com que probabilidade esta coabitação corresponde a algo real e não se deve a uma amostragem aleatória, calculamos o valor de ^{2}.

$$\chi =^2 N^3 (C - P)^2 / A * B (N - A)(N - B)$$

χ^2 compara uma distribuição organizada por classes com outra distribuição organizada de forma idêntica. É possível comparar :

- Uma distribuição observada é uma distribuição calculada a partir de uma distribuição teórica;
- Duas ou mais distribuições entre si.

χχO calculado (^2_c) é então comparado com o qui-quadrado do quadro de distribuição (^2_t).

χ<χ**Se** ^2_c ($^2)_t$, a hipótese é aceite (as duas espécies coabitam);

χ>χSe ^2_c ($^2)_t$, a hipótese é rejeitada (a coexistência das duas espécies deve-se ao acaso de amostragem).

χ^2_t pode ser lido utilizando a tabela de distribuição de Pearson, incluindo o risco erro de **5%** (0,05) e o correspondente **ddl** :

ddl = (número de classes da espécie A - 1) * (número de classes da espécie B - 1). ddl: Grau de liberdade.

3. *Exercício de aplicação sobre a coabitação*

Quadro 4. Exercício de aplicação sobre a coabitação

Prel. / Esp.	1	2	3	4	5	6	7	8	9	10	11	12	13	14	15	16	17	18	19	20	21	22	23	24	25	26	27	28	29	30
A	6	1	5	3	0	0	7	6	3	2	0	1	2	3	12	0	8	10	0	18	17	10	0	9	0	0	14	17	0	9
B	18	7	2	1	0	3	4	0	5	5	0	7	10	6	10	8	0	9	14	15	17	1	0	19	0	18	17	1	2	0
C	0	0	0	0	0	3	5	0	0	9	0	1	0	0	0	8	2	7	0	0	16	15	0	0	19	17	13	0	0	0

Fonte: Lamine, 2013

Questão: Estudar a coabitação entre pares seguintes espécies: A-B, A-C e B-C.

4. *Correção do candidatura*

=P a.b / N

$=^{X(2)} N^3 / a.b\ (N-a)\ (N-b)\ x\ (C^*- P)$.

a: número de amostras em que a espécie A está presente ;

b: número de amostras em que a espécie B está presente ;

C*: número de amostras em que estão presentes as espécies A e B;

P: número mais provável de amostras em que coabitam as duas espécies (A e B).

Espécies

==P a.b / N= 21,23 / 30

16,1 C* = 18

P <C* ➡ as duas espécies tendem a coabitar.

Teste X^2.

@ Verificação da hipótese entre A e B :

$==^{X(2)}{}_{A.B}$ [30^3/ 21.23 (30-21) (30-23)]. $(18-16,1)^2$ 3,2

$=^{X(2)}{}_C$ **3.2**

$==^{X(2)}{}_t$ a 95% com ddl (na-1) (nb-1) (5-1). =(5-1) 4.4 =16

$=^{X(2)}{}_t$ **26.3**

$>^{X(2)}{}_t X^2{}_C$ ➡ Hipótese aceite A e B vivem juntos.

Espécies A-C

=P=a.b / N= 21.12 / 30 16.1

C*= 8

➡P>C* é excluído.

=P=a.b / N= 23.12 / 30 9.2

C*= 10

➡P<C* as duas espécies tendem a viver juntas

Espécies B-C

Teste X^2.

@ Verificação da hipótese entre A e B :

==$X(2)_{A.B}$ [30^3/ 23.12 (30-23) (30-12)]. $(10-9,2)^2$ 0,5

==$X(2)_t$ a 95% com ddl (na-1) (nb-1) (5-1). == (5-1) 4.4 16

> ➡ $X(2)_t$ X^2_C Hipótese aceite: as duas espécies B e C coabitam.

Conclusão

A coabitação harmoniosa entre as diferentes formas de vida e os ecossistemas a que pertencem contribui para o equilíbrio e o desenvolvimento da biodiversidade. A biodiversidade é o tecido vivo do planeta. Refere-se também a todas as interações que existem entre os diferentes organismos e entre estes e o seu ambiente. Por conseguinte, a biodiversidade desempenha um papel fundamental na existência e evolução da vida na Terra.

Tarefa 05: Factores bióticos / relações intra e interespecíficas

Tarefa 05: Factores bióticos / relações intra e interespecíficas

Introdução

A competição ocorre quando os organismos utilizam recursos comuns que estão presentes em quantidades limitadas ou, se esses recursos não forem limitados, quando os organismos concorrentes se prejudicam mutuamente ao procurá-los. Tal como a competição intra-específica, a competição entre espécies por recursos pode ser direta ou indireta. Por conseguinte, fala-se de competição por interferência e de competição por exploração.

1. Interações bióticas (homotípicas e heterotípicas)

Em ecologia, os factores bióticos representam o conjunto das interações entre os organismos vivos e os organismos vivos de um ecossistema. Em contraste com os factores abióticos, fazem parte dos factores ecológicos de um determinado ecossistema. Incluem os recursos alimentares, as relações tróficas baseadas na predação, na cooperação, na competição, no parasitismo, etc. (Frontier et *al*., 2008).

Existem duas categorias de factores bióticos que são determinadas pelos tipos de relações entre os seres vivos:

1.1. Relações intra-específicas (homotípicas): São as relações entre indivíduos de uma mesma espécie.

1.1.1. Efeito de grupo: Caracteriza-se por alterações que ocorrem em animais da mesma espécie que vivem em grupos para se defenderem e terem acesso a recursos ambientais. Foi demonstrado num grande número de insectos (gafanhotos) e vertebrados (aves e mamíferos).

1.1.2. Efeito de massa: Caracterizado, em contraste com o efeito de grupo, pelo facto de os indivíduos da mesma espécie se atrapalharem uns outros. Isto leva a uma sobrepopulação. Neste caso, a agressividade indivíduos aumenta, a fecundidade das fêmeas diminui e assiste-se a acções suicidas colectivas (por exemplo, canibalismo).

1.1.3. Competição: A competição entre indivíduos da mesma espécie pode assumir diferentes formas. Os animais competem alimento, abrigo, locais de reprodução e, mais geralmente, por território. A maioria das espécies territoriais restringe o acesso ao seu território a outras espécies. A competição pode ser direta (intra-específica) ou indireta (inter-específica).

1.2. Relações interespecíficas (Heterotípicas)

1.2.1. ***Mutualismo***: A espécie só pode viver, crescer ou multiplicar-se na presença da espécie que a rodeia. Os benefícios são partilhados por ambas as espécies. Exemplo: Associação de plantas com bactérias fixadoras de azoto, flora bacteriana que vive no trato digestivo dos animais).

1.2.2. ***Neutralismo***: Refere-se a espécies que são independentes umas das outras e que não têm influência umas sobre as outras. Por exemplo, espécies com nichos ecológicos completamente diferentes.

1.2.3. ***Simbiose***: Associação interna entre dois parceiros. Por exemplo, a micorriza é um mutualismo entre um fungo e uma planta. Existe um benefício mútuo para ambos os parceiros.

1.2.4. ***Predação***: Um predador altera abundância das espécies de presas, mas não conduz a uma redução do número de espécies de presas.

A presa até ponto de extinção para assegurar a sua sobrevivência e a continuidade dos seus recursos.

1.2.5. ***Parasitismo***: O parasitismo corresponde a uma associação unilateral mais ou menos estreita com diferentes organismos, vivendo o parasita à custa de um outro ser vivo chamado hospedeiro.

1.2.6. ***Amensalismo***: Uma espécie é inibida no seu crescimento ou reprodução por outra espécie inibidora (amensal) que segrega substâncias tóxicas no ambiente. Esta ação é benéfica para a espécie amensal, mas prejudicial para o hospedeiro.

1.2.7. ***Comensalismo***: Associação de uma espécie comensal que beneficia de outra espécie que não beneficia nem prejudica. Por exemplo, animais que partilham o mesmo habitat ou que utilizam os restos de comida de outros animais.

1.2.8. ***Cooperação***: Duas ou mais espécies formam uma cooperação não recíproca, uma relação benéfica para as diferentes espécies cooperantes. Por exemplo, aves coloniais.

2. de aplicação 01 sobre os factores bióticos

Coloca as seguintes relações bióticas na categoria correspondente do quadro: Efeito de grupo - Parasitismo - Amensalismo - Competição interespecífica - Cooperação - Efeito de massa - Comensalismo - Mutualismo.

Quadro 5. Exercício de aplicação sobre relações intra-específicas

Relações homotípicas benéficas	Relações homotípicas prejudiciais	Relações heterotípicas benéficas	Relações heterotípicas prejudiciais
....	....	....	....
....	....	....	....
....	....	....	....

Fonte: Dajoz, 2006

3. de aplicação 02 sobre factores bióticos

As espécies coexistem numa população e interagem entre si de várias formas. Se considerarmos duas espécies A e B, é possível determinar vários tipos de interação, como mostra o quadro seguinte:

Tabela 6. Exercício de aplicação sobre factores bióticos

Interações	Espécie A	Espécie B
Parasitismo (A parasita B hospedeiro)	....	....
Amensalismo (B amensal A inibido)	....	....
Concorrência (A e B: duas espécies concorrentes)	....	....
Neutralismo (A e B: duas espécies neutras)	....	....
Simbiose (interação obrigatória)	....	....
Cooperação (interação não obrigatória)	....	....
Comensalismo (A comensal, B hospedeiro)	....	....
Predação (A predador, B presa)	....	....

Fonte: Dajoz, 2006

4. Correção dos exercícios n° 01 e 02

Exo 01 - Factores bióticos

Relações homotípicas benéficas	Relações homotípicas não benéficas	Relações heterotípicas benéficas	Relações benéficas não heterotípicas
Efeito de grupo	Efeito de massa	Cooperação Mutualismo	Parasitismo Amensalismo Concorrência interespecífica Comensalismo

Exo 02 - Factores bióticos

Interações	**Espécie A**	**Espécie B**
Parasitismo (A parasita B hospedeiro)	+	-
Amensalismo (B amensal A inibido)	-	**0**
Concorrência (A e B: duas espécies concorrentes)	-	-
Neutralismo (A e B: duas espécies neutras)	**0**	**0**
Simbiose (interação obrigatória)	+	+
Cooperação (interação não obrigatória)	+	+
Comensalismo (A comensal, B hospedeiro)	+	**0**
Predação (A predador, B presa)	+	-

+0: Espécie não afetada; **:** Vida da espécie melhorada; **-:** Vida da espécie perturbada.

Conclusão

Num ambiente estável, a competição entre espécies que utilizam os mesmos recursos pode levar eliminação de uma espécie por outra. Este é o princípio exclusão competitiva, também conhecido como princípio de Gause. A coexistência só é possível quando os nichos ecológicos são suficientemente distintos.

Tarefa 06: Cadeias e teias alimentares

Tarefa 06: Cadeias e teias alimentares

Introdução

Num ecossistema, a estrutura das teias alimentares (os tipos e redes de relações alimentares entre organismos) influencia fortemente a quantidade, diversidade, estabilidade e qualidade biomassa e matéria orgânica residual (excrementos, necromassa) produzida pelos ecossistemas (Canuel *et al.*, 2007). A qualidade de uma teia alimentar e das suas interações está diretamente relacionada com a estabilidade e a resiliência das populações que constituem (Ives & Cardinal, 2004).

1. Relações tróficas entre organismos vivos

Nos ecossistemas, os seres vivos asseguram a sua sobrevivência estabelecendo relações entre si. sistemas tróficos diversos e complexos.

Tabela 7. Alguns exemplos de certas relações entre diferentes organismos vivos.

Relações alimentares	Exemplos
Os pulgões são pequenos insectos que dependem das plantas para sugar a sua seiva, o que causa danos consideráveis às plantas.	
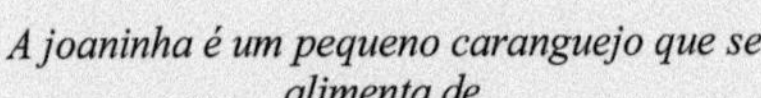 *A joaninha é um pequeno caranguejo que se alimenta de*	

O Pinnothere é um pequeno caranguejo que se protege na concha do mexilhão e se alimenta do plâncton filtrado pelo mexilhão. A presença deste caranguejo não prejudica o mexilhão.

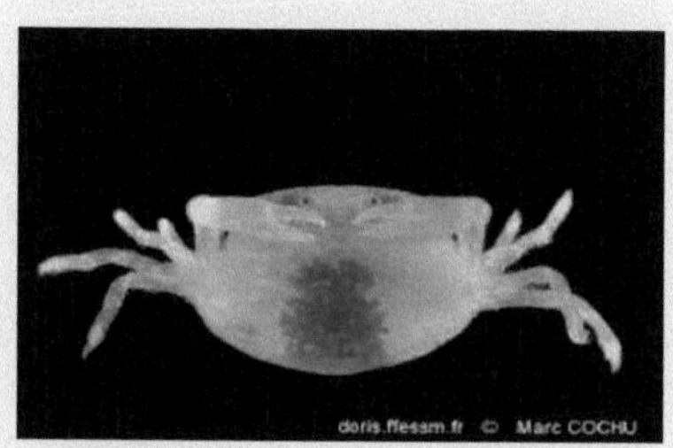

Na natureza, as formigas são frequentemente observadas em torno de um grupo de pulgões numa planta: as formigas gostam dos pulgões, que fornecem uma melada (excremento) rica em açúcar, e ao mesmo tempo as formigas protegem os pulgões.

As térmitas alimentam-se de celulose da madeira. Se as térmitas forem expostas a uma elevada concentração de oxigénio, que mata os protozoários mas deixa a térmita viva, esta morre alguns dias depois por inanição.

O cultivo de rabanete e trigo no mesmo ambiente reduz os rendimentos de crescimento em 36% para o rabanete. Mas cultivados separadamente, os seus rendimentos aumentam. Os rabanetes, tal como o trigo, precisam de muito azoto.

Muitos fungos desenvolvem-se e crescem em árvores ou folhas mortas.

Fonte: https://www.encyclopedie-environnement.org/vivant/systemes-symbiotiques-parasites/.

2. *Cadeias alimentares*

De acordo com Emmerson et *al* (2005), uma cadeia alimentar é uma sequência de organismos vivos de diferentes níveis tróficos em que cada um come organismos de um nível trófico inferior para adquirir energia. O primeiro elo de uma cadeia é sempre um organismo autotrófico. Nos mares e oceanos, o fitoplâncton desempenha este papel. Nas profundezas abissais, onde os raios solares não chegam, as bactérias termofílicas são os primeiros elos da cadeia. No entanto, a cadeia fotossintética continua a existir, uma vez que os organismos pelágicos morrem e afundam-se. Os seres humanos são frequentemente o último elo da cadeia: são super predadores.

3. *Teias alimentares*

Uma teia alimentar é um conjunto de cadeias alimentares interligadas num ecossistema, através das quais circulam energia e biomassa (trocas elementos como o fluxo carbono e azoto entre os diferentes níveis da cadeia alimentar, troca de carbono entre plantas autotróficas e heterotróficas) (Petchy et *al.*, 1999). As teias alimentares são afectadas por alterações globais, nomeadamente as ligadas às alterações climáticas, incluindo as espécies-chave (Sanford, 1999).

4. Exercício n.º 01

A partir da seguinte rede :

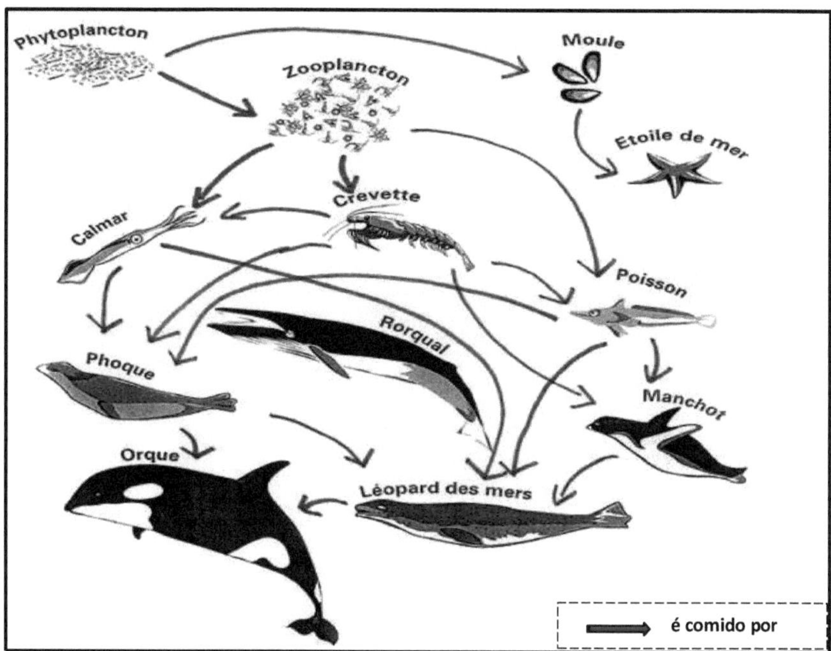

Figura 5. Dinâmica de uma teia alimentar marinha

a) Identificar o derradeiro carnívoro

b) Identificar as espécies que se alimentam de camarões.

c) Identificar o(s) produtor(es)

d) O que aconteceria a outros organismos se a população de focas desaparecesse devido à caça descontrolada?

e) Utilizando a rede acima, desenha uma cadeia alimentar.

f) Quantos níveis tróficos existem na cadeia alimentar anterior?

g) Desenhe uma pirâmide de energia para a cadeia alimentar (e), sabendo que há 50.000 kJ de energia.

no fitoplâncton.

5. Exercício n.º 02

Utilizando a cadeia alimentar abaixo, responde seguintes questões.

□□□□Cereais Souri Cobra Raposa Lobo

1) A que nível trófico pertence o primeiro organismo?
2) Qual destas organizações é o consumidor secundário?
3) Qual é o consumidor final?

6. *Exercício 03*

Faz corresponder cada afirmação da coluna A ao termo correto da coluna B, escrevendo a letra no espaço previsto para o efeito.

1. Organismo pertencente ao nível trófico mais elevado de uma cadeia alimentar
2. Uma sequência linear interações entre organismos
3. Nível alimentar
4. A substância que os produtores captam do Sol
5. Um organismo que se alimenta de plantas e animais
6. Um organismo capaz de produzir o seu próprio alimento
7. Um organismo que só come carne
8. Um organismo que é caçado e comido
9. Uma rede de cadeias alimentares interligadas
10. Organismos que reciclam nutrientes preciosos
11. Um organismo que depende de outros organismos para se alimentar
12. Um organismo que só se alimenta de plantas

a) um carnívoro de última ordem
b) uma cadeia alimentar
c) um carnívoro
d) um omnívoro
e) nível trófico
f) um decompositor
g) um ecossistema
h) biomassa
i) energia
j) uma presa

k) o consumidor
l) uma rede alimentar

m) um produtor

n) um herbívoro.

7. *Exercício 04*

Preenche as caixas pequenas e indica os diferentes níveis tróficos deste ecossistema.

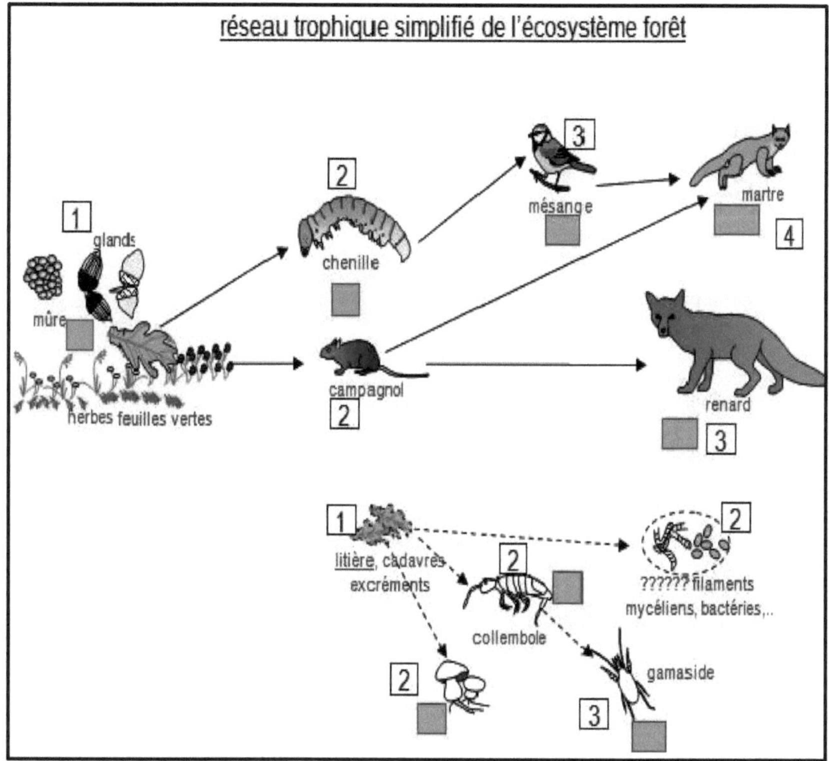

Figura 6. Teia alimentar simplificada de um ecossistema florestal

8. *Correção dos exercícios 01, 02, 03 e 04.*

- **Correção - exercício 01**

a) Identifica o derradeiro carnívoro: **Orca**____________________

b) Identificar as espécies que comem camarão. Peixes**, pinguins, focas e lulas**

c) Identificar o(s) produtor(es): **Fitoplâncton**

d) O que aconteceria a outros organismos se a população de focas desaparecesse devido à caça descontrolada: **Diminuição do : Zooplâncton, orcas e focas-leopardo.**

e) Utilizando a rede acima, desenha uma cadeia alimentar.

· · · · **Fitoplâncton Zooplâncton Camarão Foca Baleia**

f) Quantos níveis tróficos existem na cadeia alimentar anterior?

5 níveis tróficos.

g) Desenhe uma pirâmide de energia para a cadeia alimentar (e), sabendo que existem 50.000 kJ de energia.

no fitoplâncton

Orca (5 kJ)
Selo (50 kJ)
Camarão (500 kJ)
Zooplâncton (5.000 kJ)
Fitoplâncton (50.000 kJ)

- **Correção - exercício 02**

Utilizando a cadeia alimentar abaixo, responde às seguintes questões.

· · · · Cereais Souri Cobra Raposa Lobo.

1) A que nível trófico pertence o primeiro organismo? **Produtor**

2) Qual destas espécies é o consumidor secundário? **Cobra-liga**

3) Qual deles é o consumidor final? **Loup**

- **Correção - exercício 03**

Faz corresponder cada afirmação da coluna **A** ao termo correto da coluna **B**, escrevendo a letra no espaço previsto para o efeito.

________ A 1. Organismo pertencente ao nível trófico mais elevado de uma cadeia alimentar

________B 2. uma sequência linear interações entre organismos

________E 3. Nível alimentar

______I . A substância que os produtores captam do Sol

____D 5. Um organismo que se alimenta de plantas e animais

____M 6. Um organismo capaz de produzir o seu próprio alimento

____C 7. Um organismo que só come carne

____J 8. Um organismo que é caçado e comido

____L 9. Uma rede de cadeias alimentares interligadas

____F 10. Organismos que reciclam nutrientes valiosos

____K 11. Um organismo que depende de outros organismos para se alimentar

____N 12. Um organismo que só se alimenta de plantas.

- **Correção - exercício 04**

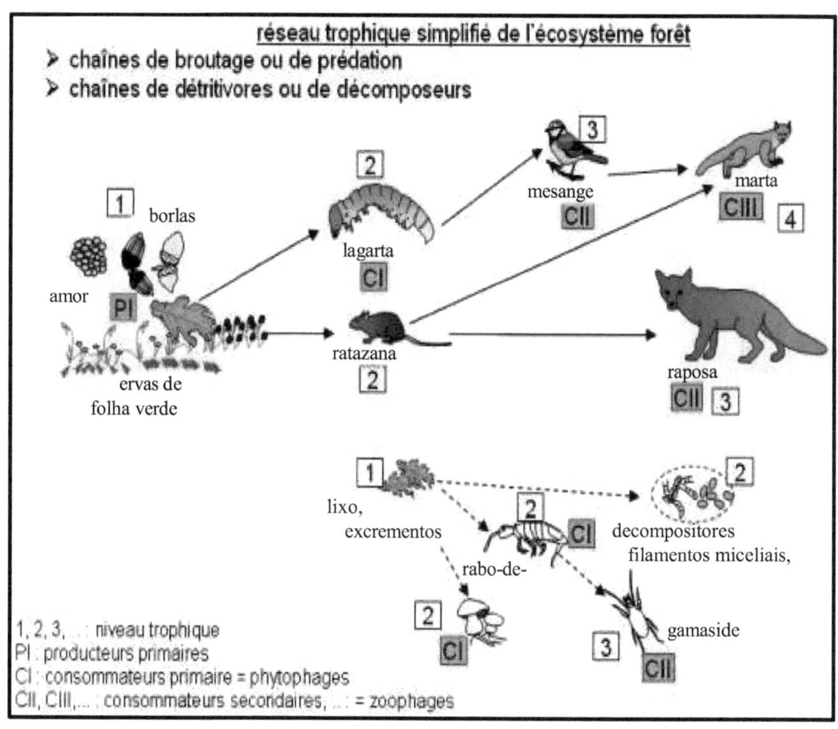

1,2,3....Níveis tróficos **PI**: Produtores primários =**CI**: Consumidores primários Pragas das plantas **CII, CIII**,. =Consumidores secundários, zoófagos.

Conclusão

Uma teia alimentar, quando considerada do ponto de vista das interações bióticas, é o conjunto de espécies unidas por ligações tróficas, coexistindo num determinado local, bem as ligações tróficas que as unem. As teias alimentares são, portanto, o meio para o fluxo energia e matéria através das comunidades.

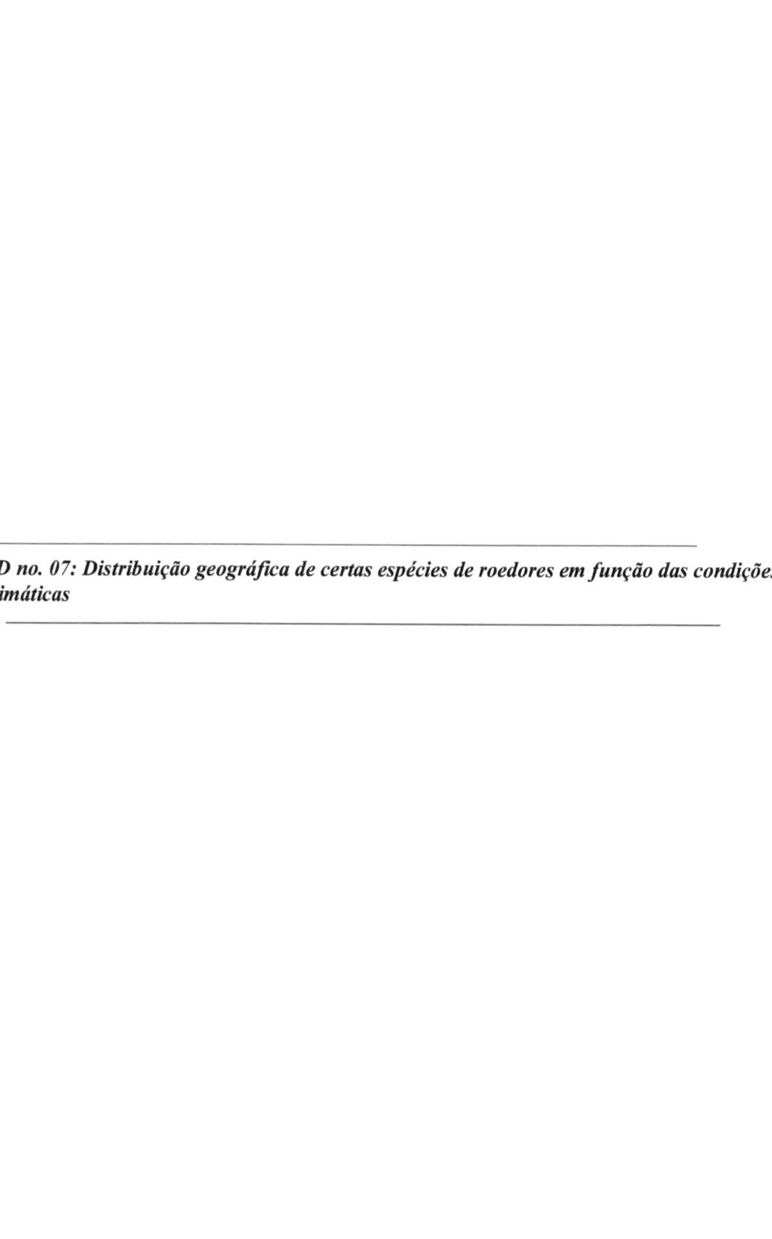

TD no. 07: Distribuição geográfica de certas espécies de roedores em função das condições climáticas

TD N° 07 : Distribuição geográfica de certas espécies de roedores em função das condições climáticas

Introdução

A biogeografia é o estudo da distribuição geográfica das espécies. Este domínio da ecologia determina as áreas de distribuição potencial e real das diferentes espécies, bem como a evolução dessas áreas em função das variações do ambiente ou das actividades humanas. A biogeografia está também ligada à história da Terra e evolução sua crosta e biosfera. A área de distribuição de uma espécie não é explicada apenas pelas suas caraterísticas biológicas, mas também pela evolução da sua geografia e história evolutiva (De Broyer, 2014).

1. Objetivo do tutorial: Determinar ou delimitar a área de distribuição de 3 espécies de Ctenodactylidae com base em dados climáticos.

2. Seleção das espécies: Foram escolhidas três espécies de Ctenodactylidae para este estudo:

- *Ctenodactylus gundi*
- *Ctenodactylus vali*
- *Ctenodactylus m'zabi*

O género *Ctenodactylus* tem duas espécies na Argélia, *Ctenodactylus gundi* e *Ctenodactylus vali*. O género *Massoutiera* tem uma única espécie: *Massouteria m'zabi*.

É de notar que cada uma destas duas espécies difere da outra em dois aspectos

1. O tamanho das bolhas timpânicas ;
2. Dentição.

Os Gundis são roedores que vivem em regiões relativamente quentes, têm o tamanho de um pequeno rato, com o qual se assemelham, mas o pelo e a cauda são semelhantes aos dos coelhos. Estas espécies de Ctenodactylidae são muito interessantes do ponto de vista fisiológico, pois parece que não bebem água (apesar de viverem no sul).

3. Método de estudo

O método de estudo é a armadilhagem. Para este tipo de mamíferos, utilizamos geralmente gaiolas com baloiço. Este método permite captura de vários indivíduos, que permite obter estimativas mais exactas para estas populações.

A área de distribuição depende da área de vida da espécie em estudo. Os Gundis vivem num ninho ou numa toca que temos sempre de procurar. Nunca escavam buracos, abrigando-se muitas vezes debaixo de pedras e podem também viver com os humanos.

4. de Emberger

Para estes Ctenodactylidae, a territorialidade é desconhecida. Estamos interessados em colocar as diferentes espécies de Ctenodactylidae (*Ctenodactylus gundi, Ctenodactylus vali* e Ctenodactylus m'zabi) no Climagrama de Emberger de acordo com os dados climáticos mais importantes (pluviosidade e temperatura).

5. Quociente de precipitação (de Emberger)

$$Q2 = \frac{1000P}{(\frac{M+m}{2})(M-m)}$$

P: precipitação anual em mm ;

M: temperatura máxima anual em graus

Celsius; **m**: temperatura mínima anual em

graus Celsius; **M** + **m /2** = temperatura média

anual; **M-m** = amplitude térmica.

Quanto maior for a seca anual, menor será o valor do Quociente.

Nota

fórmula de Emberger (clima mediterrânico) foi simplificada por Stewar para a Argélia.

$$Q2 = 3{,}43\frac{p}{M-m}$$

6. Exercício de aplicação: Distribuição geográfica de espécies de roedores de acordo com dados climáticos.

Dados :

Quadro 8. Exercícios de aplicação sobre a distribuição geográfica de certas espécies

de acordo com os dados climáticos.

Estações / **Índice**	1	2	3	4	5	6	7	8	9	10	11	12	13	14	15	16	17	18	19	20
Q2	29	6	27	8,6	5,6	9,5	12	29	2,1	16	17	25	13	3,2	5,2	19	24	5,6	38	7,1
m	4,5	4,6	5,3	4,9	5,7	6	6	6	6,2	6,4	7,1	3	3,4	3,5	3,6	3,6	3,7	4,3	0,8	1,8
Espécies estudadas	○	■	○	○	●	●	○	○	■	○	●	○	●	●	■	○	○	■	○	●

Fonte: Meddour et *al*, 2019

Legendas:

○ *Ctenodactylus gundi*

■ *Ctenodactylus m'zabi*

● *Ctenodactylus vali*

7. ***Correção do candidatura***

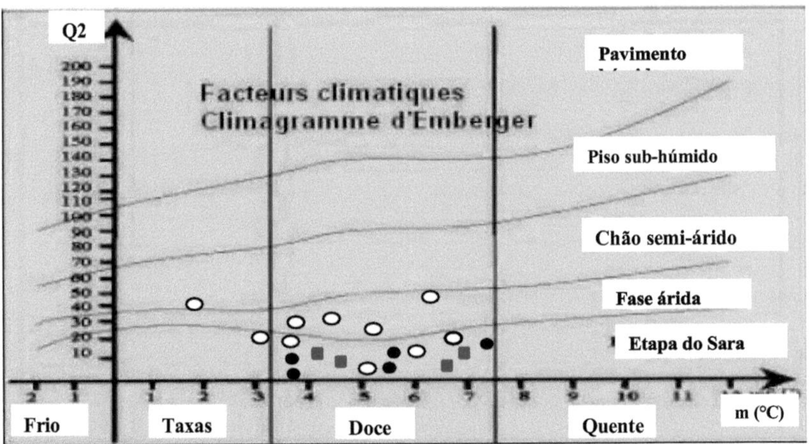

Figura 7. Emberger

Conclusão

A distribuição atual das espécies e dos ecossistemas é sempre mais ou menos um reflexo das distribuições passadas. Por exemplo, as recentes flutuações no clima do Quaternário e a dinâmica espacial da biodiversidade daí resultante podem ainda ser observadas na estrutura e dinâmica dos ecossistemas actuais.

Conclusão

Conclusão geral

Vimos que os seres vivos estão sujeitos a vários factores abióticos e bióticos no seu ambiente. Estão também em constante interação com o seu biótopo, sendo criados equilíbrios ecológicos entre eles. O homem, como parte da natureza, apesar de todas as tecnologias que desenvolveu, não pode escapar e considerar-se o senhor de todos os seres vivos. Não podemos escapar às leis naturais que regem a vida das espécies animais e vegetais que vivem no planeta Terra. Só existe uma Terra e temos de a proteger.

"A ecologia é também, e sobretudo, um problema cultural. O respeito pelo ambiente exige um grande número de mudanças comportamento.

Nicolas Hulot

Referências

Referências

- **Barbault R. 2008**. Ecologie générale. Estrutura e funcionamento da Biosfera. 6ª edição DUNOD.

- **Canuel E.A., Spivak A.C., Waterson E.J. & Duffy J.E. 2007**. A biodiversidade e a estrutura da teia alimentar influenciam a acumulação a curto prazo da matéria orgânica dos sedimentos num sistema experimental de ervas marinhas; *Limnol. Ocean.* **52**, 590- 602.

- **Clobert J., Baguette M., Benton T.G. & Bullock J.M. 2012**. Dispersal ecology and evolution. Oxford University Press.

- **Dajoz R. 2006**. Précis d'Ecologie. 8th edição. Edição Dunod. 631p.

- **De Broyer C. 2014**. Atlas Biogeográfico do Oceano Austral. Comité Científico da Investigação Antárctica.

- **Emmerson M., Bezemer M., Hunter Md. & Jones TH. 2005.** Global change alteres the stability of food webs. *Global Change Biology*, **11**, 490-501.

- **Faurie C., Ferra C., Medori P., Devaux J. & Hemptinne J.L. 2011.** Ecologie : Approche scientifique et pratique. 5(ème) édition. Edição Lavoisier. 407p.

- **Frontier S., Pichod-Viale D., Lepretre A., Davoult D. & Luczak C. 2008.** Ecosystème : Structure, Fonctionnement, Evolution. 4th edition. Edição Dunod. 558p.

- **Ives A. & Cardinale B. 2004.** As interações da teia alimentar governam a resistência das comunidades após extinções não aleatórias. *Nature* (revisão), **429**, 174-177.

- **Lamine S. 2013**. Contribution à la connaissance des macro-invertébrés benthiques du sous- bassin versant des Ouadhias. Tese de mestrado, Universidade Mouloud Mammeri de Tizi- Ouzou, 67pp.

- **Lamine S. 2021.** Recherches sur la faunistique, l'écologie et la bioogéographie des Ephéméroptères, Plécoptères, Trichoptères et Coléoptères Elmidae & Hydraenidae. Tese de doutoramento (3º ciclo), Université Mouloud Mammeri de Tizi-Ouzou, 288 pp.

- **Marc Mazerolle J. 2019**. Introdução à teoria da amostragem, Web.

- **Meddour S., Mlik R. & Sekour M. 2019**. Caracterização da abundância de Atlas Goundi *Ctenodactylus gundi* (Rodentia, Ctenodactylidae) no sul de Aurès (leste da Argélia).

Revista Internacional de Recursos Naturais e Ambiente. Vol. **1**, No. 1; pp. 29-35.

- **Petchey Ol, Mcphearson Pt, Casey Tm. & Morin PJ. 1999.** Environmental warming alters food-web structure and ecosystem function. *Nature*, 402, 69-72.

- **Ramade F. 2009.** Elemento de Ecologia: Ecologia fundamental. 4th edição. Edição Dunod. 689p.

- **Sanford E. 1999.** Regulação da predação da pedra angular por pequenas alterações na temperatura do oceano. *Ciência*, **283**, 2095- 2097.

- **Tirard C., Abbadie L., Laloi D. & Koubbi PH. 2016**. Ecologie, Licence, Master & CAPES. DUNOD, 11, rue Paul Bert, 92240 Malakoff. www.dunod.com.

- **Tirard C., Barbault R., Abaddie L. & Loeuille N. 2012**. Mini manuel d'écologie. DUNOD.

- **Vaillant J. 2005**. Iniciação à teoria da destilação, web.

Printed by Books on Demand GmbH, Norderstedt / Germany